2022 年
四川省生态环境
质量状况

四川省生态环境厅 / 编

四川大学出版社
SICHUAN UNIVERSITY PRESS

图书在版编目（CIP）数据

2022 年四川省生态环境质量状况 / 四川省生态环境
厅编 . — 成都 ： 四川大学出版社，2023.9
　　ISBN 978-7-5690-6369-1

　　Ⅰ ． ① 2… Ⅱ ． ①四… Ⅲ ． ①生态环境－环境质量评
价－研究－四川－ 2022 Ⅳ ． ① X821.271

　　中国国家版本馆 CIP 数据核字 (2023) 第 183468 号

书　　　名：2022 年四川省生态环境质量状况
　　　　　　2022 Nian Sichuan Sheng Shengtai Huanjing Zhiliang Zhuangkuang
编　　　者：四川省生态环境厅

选题策划：毕　潜　王　睿
责任编辑：毕　潜　王　睿
责任校对：胡晓燕
装帧设计：墨创文化
责任印制：王　炜

出版发行：四川大学出版社有限责任公司
　　　　　地址：成都市一环路南一段 24 号（610065）
　　　　　电话：(028) 85408311（发行部）、85400276（总编室）
　　　　　电子邮箱：scupress@vip.163.com
　　　　　网址：https://press.scu.edu.cn
审 图 号：川 S【2023】00072 号
印前制作：成都墨之创文化传播有限公司
印刷装订：四川五洲彩印有限责任公司

成品尺寸：210mm×285mm
印　　张：3.5
字　　数：119 千字

版　　次：2023 年 10 月 第 1 版
印　　次：2023 年 10 月 第 1 次印刷
定　　价：160.00 元

扫码获取数字资源

四川大学出版社
微信公众号

编委会名单

📝 **市（州）生态环境监测中心站参与编写人员（以行政区划代码为序）**

黄　静（四川省成都生态环境监测中心站）　　江　欧（四川省自贡生态环境监测中心站）

杨　玖（四川省攀枝花生态环境监测中心站）　胡丽梅（四川省泸州生态环境监测中心站）

杨　贤（四川省德阳生态环境监测中心站）　　谢惠敏（四川省绵阳生态环境监测中心站）

肖　沙（四川省广元生态环境监测中心站）　　王　媛（四川省遂宁生态环境监测中心站）

丁雪卿（四川省内江生态环境监测中心站）　　赵　颖（四川省乐山生态环境监测中心站）

舒　丽（四川省南充生态环境监测中心站）　　余利军（四川省宜宾生态环境监测中心站）

谭金刚（四川省广安生态环境监测中心站）　　黄　梅（四川省达州生态环境监测中心站）

唐樱殷（四川省巴中生态环境监测中心站）　　周钰人（四川省雅安生态环境监测中心站）

张念华（四川省眉山生态环境监测中心站）　　易　蕾（四川省资阳生态环境监测中心站）

龙瑞凤（四川省阿坝生态环境监测中心站）　　蒋宇超（四川省甘孜生态环境监测中心站）

苏永洁（四川省凉山生态环境监测中心站）

📝 **主编单位**

四川省生态环境监测总站

📝 **资料提供单位**

各驻市（州）生态环境监测中心站

前 言

QIANYAN

为了向公众提供可读性强、适用性好、通俗易懂的环境质量信息，向政府和有关部门提供简单明了的综合分析报告和决策依据，我们编写了《2022年四川省生态环境质量状况》。本书以四川省21个市（州）开展的城市环境空气、大气降水、十三条重点流域、城市集中式饮用水水源地、城市声环境、生态质量监测数据为基础，通过科学的分析和评价形成。

本书以简洁的语言、形象生动的图画概括了2022年四川省城市环境空气质量、降水环境质量、地表水环境质量、县级及以上城市集中式饮用水水源地水质、城市声环境质量、生态质量状况，还分别展示了21个市（州）的生态环境质量状况，是公众了解生态环境质量的有益读本，是环境管理和环境科研的有益资料。

本书是集体智慧的结晶，在此我们感谢所有参与监测的人员和单位，感谢四川大学出版社在出版过程中给予的大力支持和帮助。

编 者

2023年5月

目 录
MULU

一、四川省生态环境质量状况

SICHUAN SHENG SHENGTAI HUANJING
ZHILIANG ZHUANGKUANG

四川省生态环境质量概况

　　2022年，全省21个市（州）政府所在城市环境空气质量总体优良天数率为89.3%，六项主要监测指标年均浓度均达到国家环境空气质量二级标准。21个市（州）城市优良天数率为77.3%~100%，绵阳市、遂宁市、内江市、南充市、广安市、达州市、雅安市、广元市、巴中市、资阳市、攀枝花市、阿坝州、甘孜州、凉山州共14个市（州）城市环境空气质量均达标。

　　全省酸雨污染总体保持稳定。

　　全省地表水水质总体为优。十三条重点流域水质均为优，其中雅砻江、安宁河、赤水河、岷江、大渡河、青衣江、沱江、嘉陵江、渠江、琼江、黄河流域水质优良率为100%，长江（金沙江）流域水质优良率为98.1%，涪江流域水质优良率为96.6%。

　　全省县级及以上城市集中式饮用水水源地水质达标率为100%。

　　全省21个市（州）政府所在城市区域声环境昼间质量状况总体为"较好"；道路交通声环境昼间质量状况总体为"好"；城市各类功能区声环境质量昼间达标率为96.8%，夜间达标率为84.1%。

　　全省生态质量指数为71.17，生态质量类型为"一类"。21个市（州）生态质量类型均为"一类"或"二类"。

各环境要素质量状况

▶ 环境空气质量状况
——优良天数率

2022年，全省21个市（州）政府所在城市环境空气质量总体优良天数率为89.3%，其中优占38.6%，良占50.7%；总体污染天数率为10.7%，其中轻度污染为9.7%，中度污染为0.9%，重度污染为0.1%。

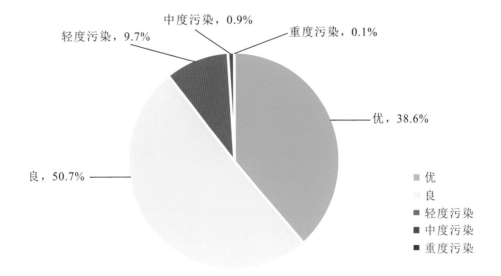

2022年四川省城市环境空气质量级别比例分布

▶ 环境空气质量状况
——二氧化硫浓度

全省城市二氧化硫年平均浓度为8微克/立方米，达到一级标准。

年平均浓度达到一级标准的城市有成都市、自贡市、泸州市、德阳市、绵阳市、广元市、遂宁市、内江市、乐山市、南充市、宜宾市、广安市、达州市、巴中市、雅安市、眉山市、资阳市、马尔康市、康定市、西昌市，共20个。

年平均浓度达到二级标准的城市有攀枝花市。

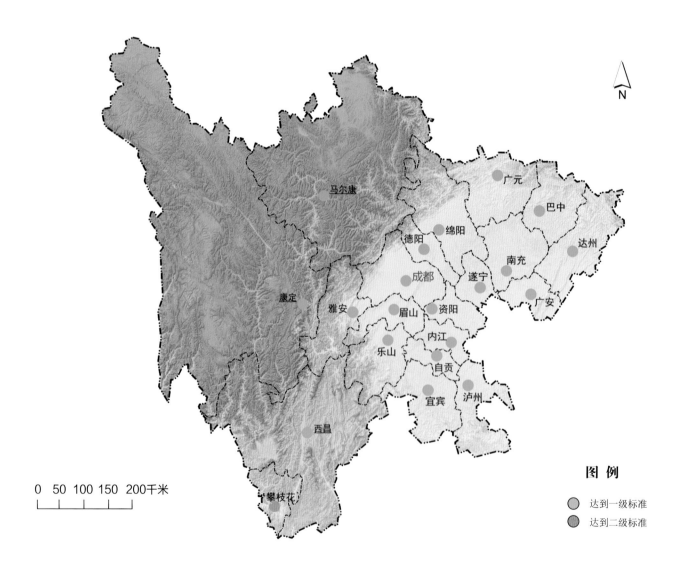

2022年四川省城市二氧化硫年平均浓度分布

▷ 环境空气质量状况
——二氧化氮浓度

全省城市二氧化氮年平均浓度为23微克/立方米，达到一级标准。21个市（州）政府所在城市年平均浓度均达到一级标准。

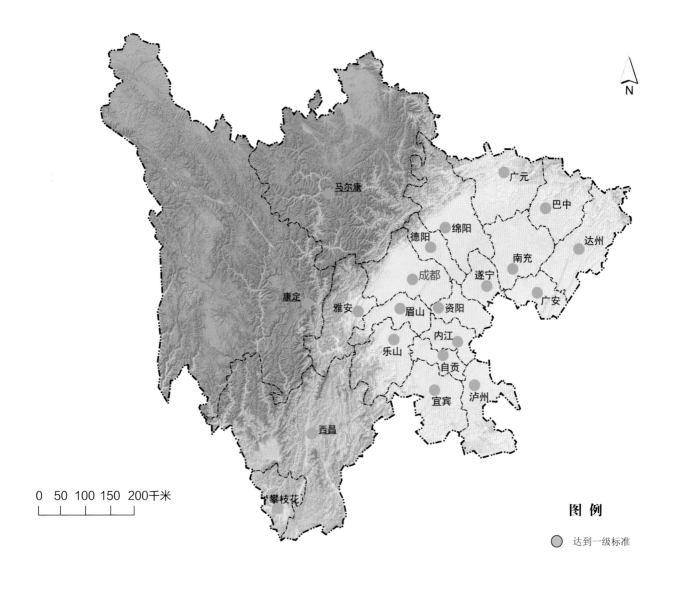

0 50 100 150 200千米

图 例

⬤ 达到一级标准

2022年四川省城市二氧化氮年平均浓度分布

☑ 环境空气质量状况
——颗粒物浓度

全省城市颗粒物年平均浓度为48微克/立方米，达到二级标准。

年平均浓度达到一级标准的城市有马尔康市、康定市、西昌市，共3个。

年平均浓度达到二级标准的城市有成都市、自贡市、攀枝花市、泸州市、德阳市、绵阳市、广元市、遂宁市、内江市、乐山市、南充市、宜宾市、广安市、达州市、巴中市、眉山市、雅安市、资阳市，共18个。

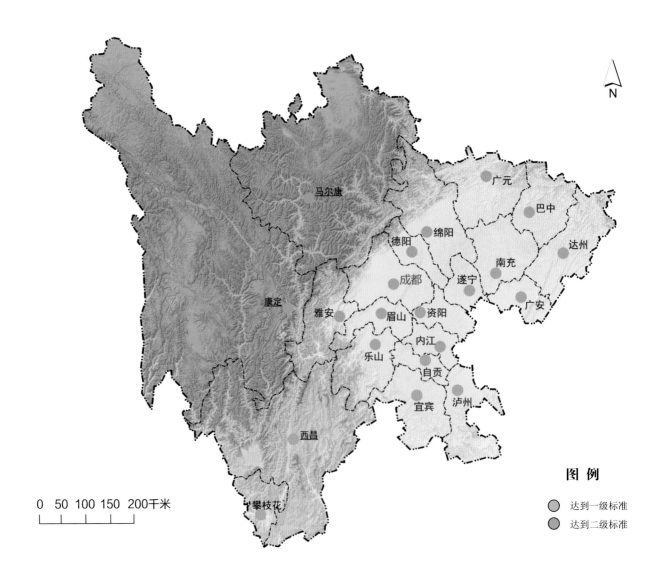

2022年四川省城市颗粒物年平均浓度分布

环境空气质量状况
——细颗粒物浓度

全省城市细颗粒物年平均浓度为31微克/立方米，达到二级标准。

年平均浓度达到一级标准的城市有马尔康市、康定市。

年平均浓度达到二级标准的城市有攀枝花市、德阳市、绵阳市、广元市、遂宁市、内江市、南充市、达州市、巴中市、雅安市、眉山市、资阳市、西昌市，共13个。

年平均浓度超过二级标准的城市有成都市、自贡市、泸州市、乐山市、宜宾市、广安市，共6个。

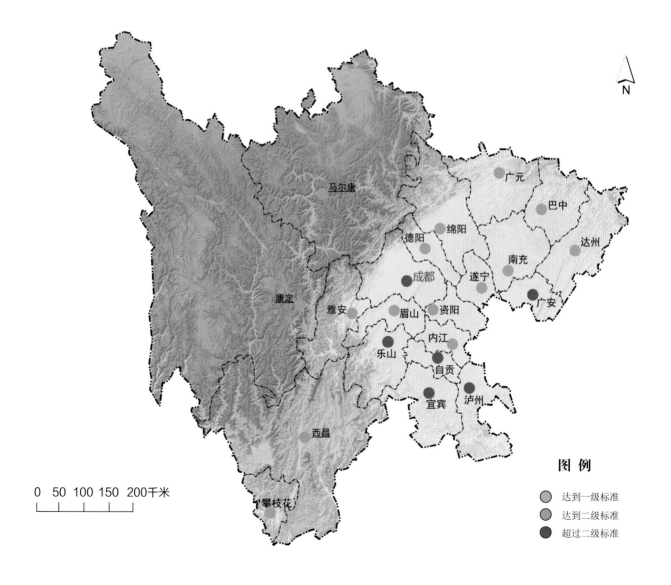

2022年四川省城市细颗粒物年平均浓度分布

环境空气质量状况
——一氧化碳浓度

全省城市一氧化碳日平均第95百分位浓度为1.0毫克/立方米，达到一级标准。

21个市（州）政府所在城市一氧化碳日平均第95百分位浓度均达到一级标准。

2022年四川省城市一氧化碳日平均第95百分位浓度分布

环境空气质量状况
——臭氧浓度

全省城市臭氧日最大8小时滑动平均值第90百分位浓度为144微克/立方米，达到二级标准。

日最大8小时滑动平均值第90百分位浓度达到二级标准的城市有攀枝花市、泸州市、绵阳市、广元市、遂宁市、内江市、乐山市、南充市、达州市、巴中市、雅安市、眉山市、资阳市、马尔康市、康定市、西昌市，共16个。

日最大8小时滑动平均值第90百分位浓度超过二级标准的城市有成都市、自贡市、德阳市、宜宾市、广安市，共5个。

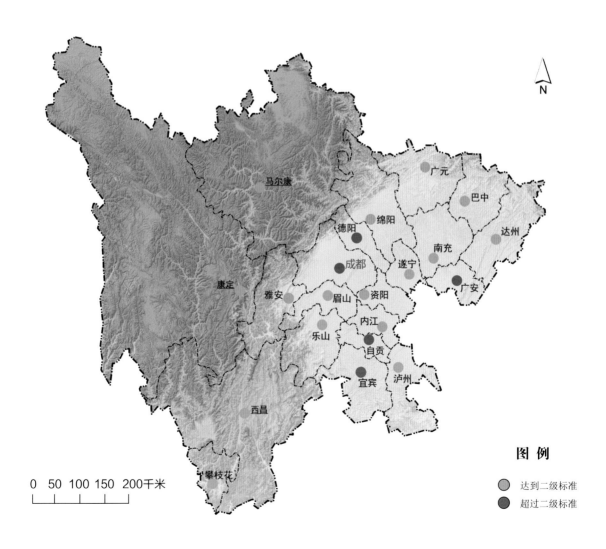

2022年四川省城市臭氧日最大8小时滑动平均值第90百分位浓度分布

降水状况

　　2022年，全省21个市（州）政府所在城市降水pH年均值为6.27。巴中为中酸雨城市，其他市（州）城市均为非酸雨城市，酸雨城市比例为4.8%。7个城市出现过酸雨。

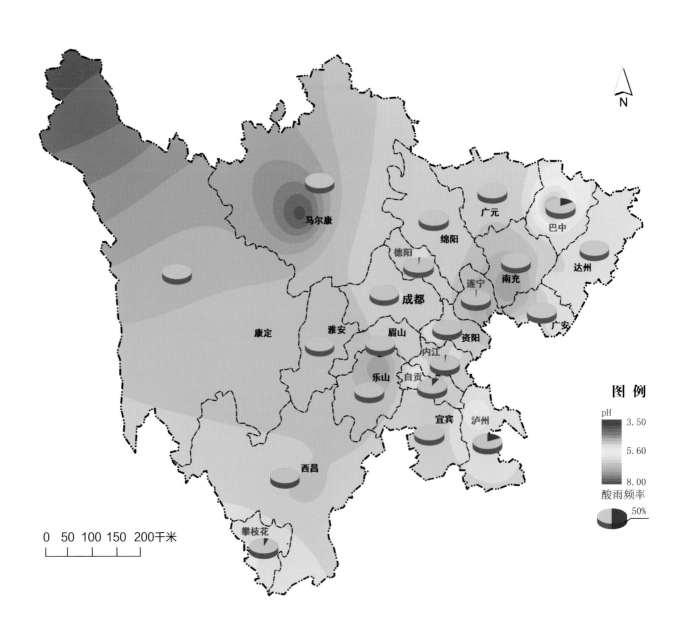

2022年四川省城市酸雨区域分布

▶ 水环境质量状况
——地表水水质概况

  2022年，全省地表水水质总体为优。全省十三条重点流域水质均为优，其中雅砻江、安宁河、赤水河、岷江、大渡河、青衣江、沱江、嘉陵江、渠江、琼江、黄河流域水质优良率为100%，长江（金沙江）流域水质优良率为98.1%，涪江流域水质优良率为96.6%。

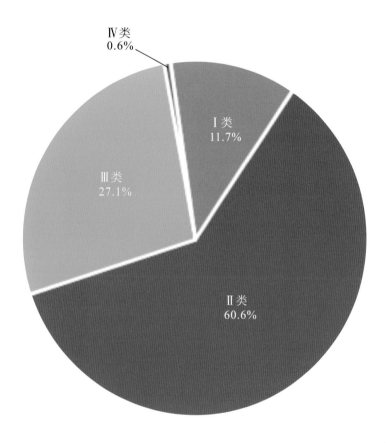

IV类
0.6%

I 类
11.7%

III 类
27.1%

II 类
60.6%

2022年四川省河流水质类别比例分布

黄 河

金 雅

砻 江

岷

大 金 川

鲜 水 河

马尔康

青 衣

大 渡 河

康定⊙

雅安⊙

眉山⊙

雅 砻 江

理 塘 河

西昌⊙

安 宁 河

盐 源 河

攀枝花⊙

金 沙 江

老君 1260.0

日月坪 3210.6

正天台 1251.3

贡嘎山 7556

金顶 3079.3

成都

资阳⊙

内江⊙

内江

自贡⊙

宜宾⊙

泸州⊙

沱 江

岷 江

绵阳⊙

德阳⊙

嘉

陵

广元

巴中

达州

南充⊙

遂宁⊙

广安⊙

南江

渠 江

长 江

图 例

	优
	良好
	轻度污染
	中度污染
	重度污染

0 50 100 150 200千米

2022年四川省地表水水质状况

▷ 水环境质量状况
——长江（金沙江）、雅砻江、安宁河、赤水河流域水质状况

长江（金沙江）流域　水质总体为优。52个断面中，Ⅰ、Ⅱ类水质优断面44个，占84.6%；Ⅲ类水质良好断面7个，占13.5%；Ⅳ类水质断面1个（大陆溪的四明水厂），占1.9%，主要污染指标为高锰酸盐指数；无Ⅴ类、劣Ⅴ类水质断面。

雅砻江流域　水质总体为优。16个断面均为Ⅰ、Ⅱ类水质优，占100%。

安宁河流域　水质总体为优。7个断面均为Ⅱ类水质优，占100%。

赤水河流域　水质总体为优。4个断面中，Ⅰ、Ⅱ类水质优断面3个，占75.0%；Ⅲ类水质良好断面1个，占25.0%；无Ⅳ类、Ⅴ类、劣Ⅴ类水质断面。

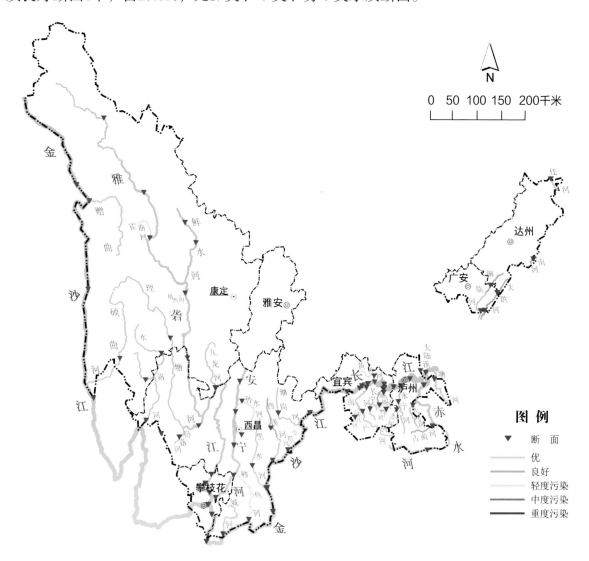

2022年长江（金沙江）、雅砻江、安宁河、赤水河流域水质状况

ID 水环境质量状况
——岷江、大渡河、青衣江流域水质状况

岷江流域　水质总体为优。60个断面中，Ⅰ、Ⅱ类水质优断面42个，占70.0%；Ⅲ类水质良好断面18个，占30.0%；无Ⅳ类、Ⅴ类、劣Ⅴ类水质断面。

干流：水质为优，18个断面中，Ⅰ、Ⅱ类水质优断面14个，占77.8%；Ⅲ类水质良好断面4个，占22.2%。

支流：水质为优，42个断面中，Ⅰ、Ⅱ类水质优断面28个，占66.7%；Ⅲ类水质良好断面14个，占33.3%。

大渡河流域　水质总体为优。22个断面均为Ⅰ、Ⅱ类水质优断面，占100%。

青衣江流域　水质总体为优。8个断面均为Ⅱ类水质优断面，占100%。

2022年岷江、大渡河、青衣江流域水质状况

水环境质量状况
——沱江流域水质状况

沱江流域 水质总体为优。60个断面中，Ⅱ类水质优断面21个，占35.0%；Ⅲ类水质良好断面39个，占65.0%；无Ⅳ类、Ⅴ类、劣Ⅴ类水质断面。

干流：水质为优，12个断面中，Ⅱ类水质优断面6个，占50.0%；Ⅲ类水质良好断面6个，占50.0%。

支流：水质为优，48个断面中，Ⅱ类水质优断面15个，占31.2%；Ⅲ类水质良好断面33个，占68.8%。

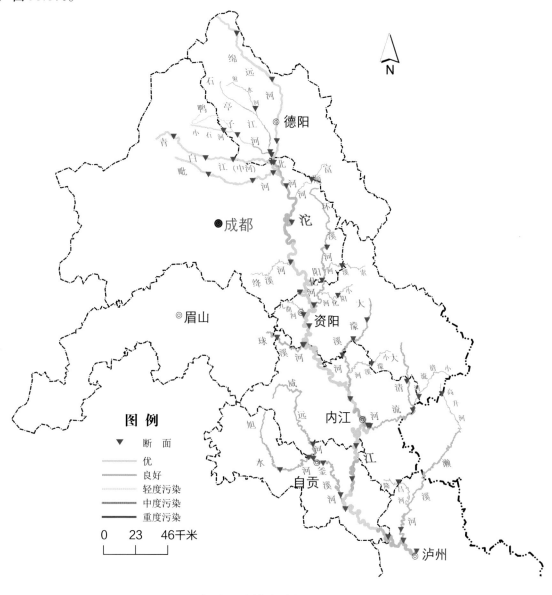

2022年沱江流域水质状况

▷ 水环境质量状况
——嘉陵江、涪江、渠江、琼江流域及黄河流域水质状况

嘉陵江流域 水质总体为优。37个断面中，Ⅰ、Ⅱ类水质优断面32个，占86.5%；Ⅲ类水质良好断面5个，占13.5%；无Ⅳ类、Ⅴ类、劣Ⅴ类水质断面。

涪江流域 水质总体为优。29个断面中，Ⅰ、Ⅱ类水质优断面23个，占79.3%；Ⅲ类水质良好断面5个，占17.2%；Ⅳ类水质轻度污染断面1个（坛罐窑河白鹤桥），占3.4%，主要污染指标为化学需氧量；无Ⅴ类、劣Ⅴ类水质断面。

渠江流域 水质总体为优。37个断面中，Ⅱ类水质优断面24个，占64.9%；Ⅲ类水质良好断面13个，占35.1%；无Ⅳ类、Ⅴ类、劣Ⅴ类水质断面。

琼江流域 水质总体为优。5个断面均为Ⅲ类水质，占100%。

黄河流域 水质总体为优。6个断面均为Ⅰ、Ⅱ类水质优，占100%。

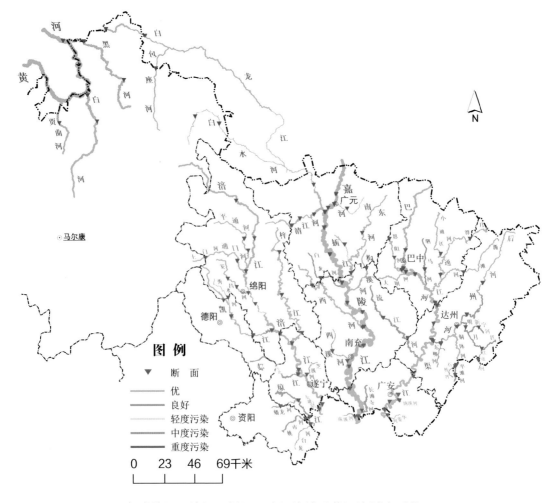

2022年嘉陵江、涪江、渠江、琼江流域及黄河流域水质状况

水环境质量状况
——湖库水质状况

　　全省共监测14个湖库。泸沽湖、邛海、二滩水库、黑龙滩水库、紫坪铺水库、瀑布沟水库、三岔湖、双溪水库、沉抗水库、升钟水库、白龙湖、葫芦口水库水质为优。老鹰水库、鲁班水库水质为良好。

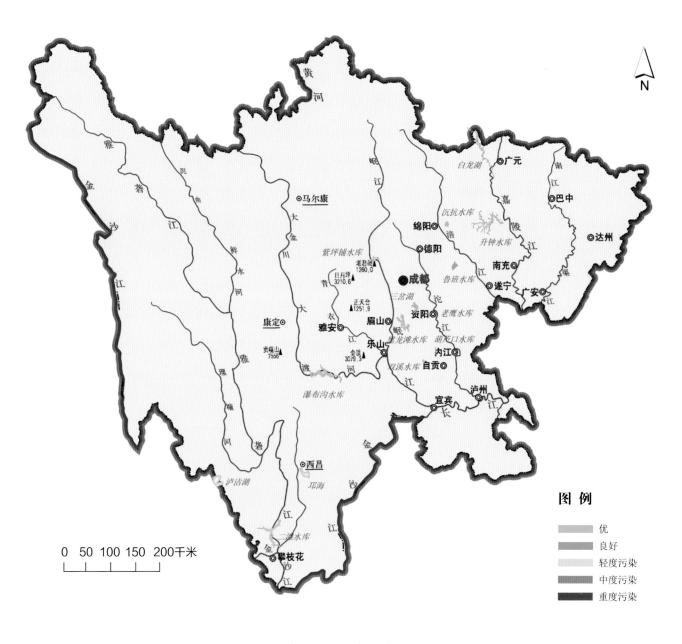

2022年四川省湖库水质状况

水环境质量状况
——湖库营养状况

14个湖库中，邛海、泸沽湖、二滩水库、紫坪铺水库为贫营养，占比28.6%；黑龙滩水库、瀑布沟水库、老鹰水库、三岔湖、双溪水库、沉抗水库、鲁班水库、升钟水库、白龙湖、葫芦口水库为中营养，占比71.4%。

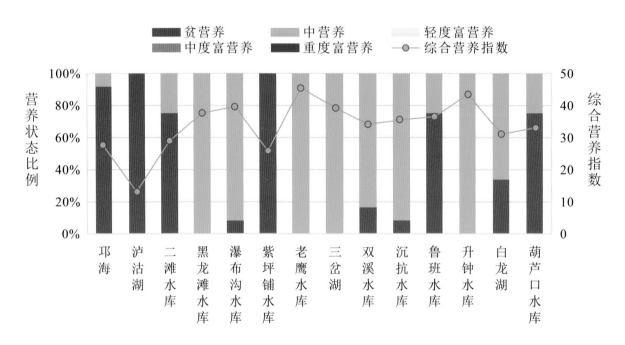

2022年四川省重点湖库营养状况

水环境质量状况
——集中式饮用水水源地水质状况

全省县级及以上城市集中式饮用水水源地取水总量为494593.1万吨，达标水量为494593.1万吨，水质达标率为100%。

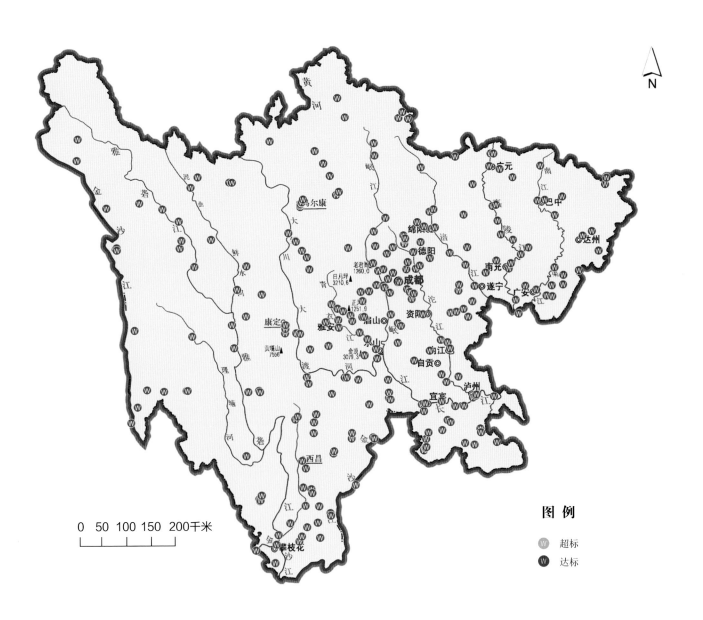

2022年四川省县级及以上城市集中式饮用水水源地水质状况

声环境质量状况
——城市区域声环境质量

  2022年，全省21个市（州）政府所在城市区域声环境昼间质量状况总体为"较好"，平均等效声级为54.4分贝。质量状况属于"好"的城市有1个，占4.8%；属于"较好"的城市有12个，占57.1%；属于"一般"的城市有8个，占38.1%。

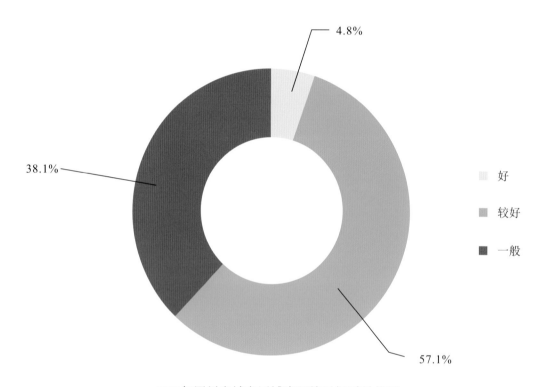

2022年四川省城市区域声环境昼间质量状况

声环境质量状况
——城市道路交通声环境质量

　　全省21个市（州）政府所在城市道路交通声环境昼间质量状况总体为"好"，长度加权平均等效声级为67.9分贝。质量状况属于"好"的城市有14个，占66.7%；属于"较好"的城市有7个，占33.3%。

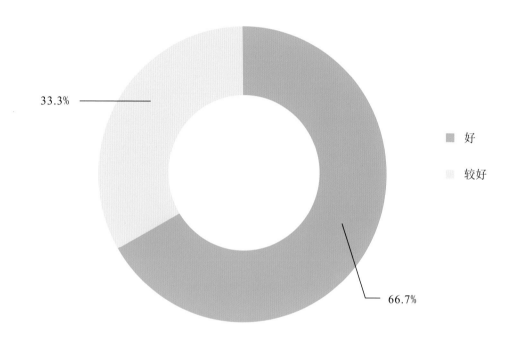

　　好
　　较好

2022年四川省城市道路交通声环境昼间质量状况

▶ 声环境质量状况
——城市功能区声环境质量

全省21个市（州）政府所在城市各类功能区噪声昼间达标率为96.8%，夜间达标率为84.1%。各类功能区昼间达标率均比夜间高，其中3类区昼间达标率最高，为99.5%；4类区夜间达标率最低，为55.3%。

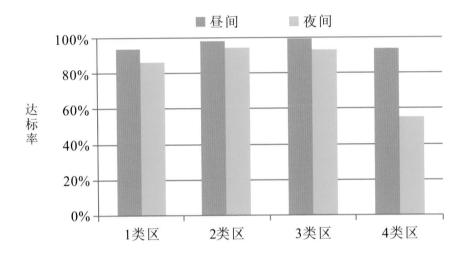

2022年四川省城市各类功能区噪声监测点次达标率

生态质量状况

2022年，全省生态质量指数为71.17，生态质量类型为"一类"。

全省21个市（州）生态质量类型均为"一类"或"二类"，生态质量指数在59.10和77.48之间。其中，生态质量类型为"一类"的城市有10个，占全省面积的81.0%，占市域数量的47.6%；生态质量类型为"二类"的城市有11个，占全省面积的19.0%，占市域数量的52.4%。

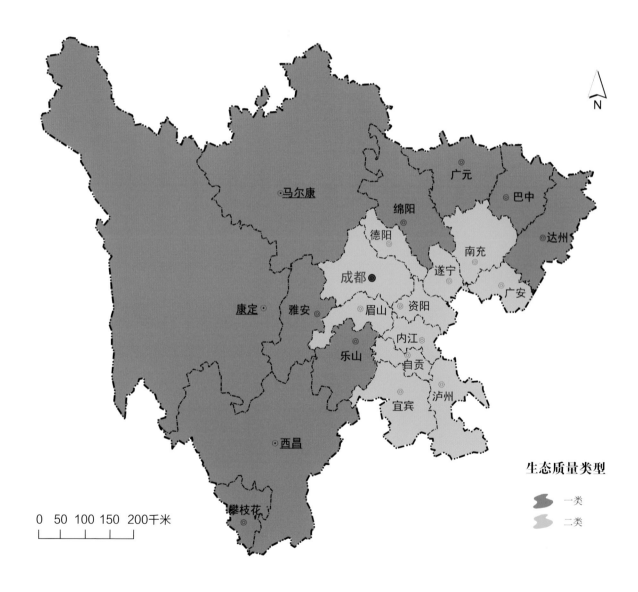

2022年四川省生态质量状况分布

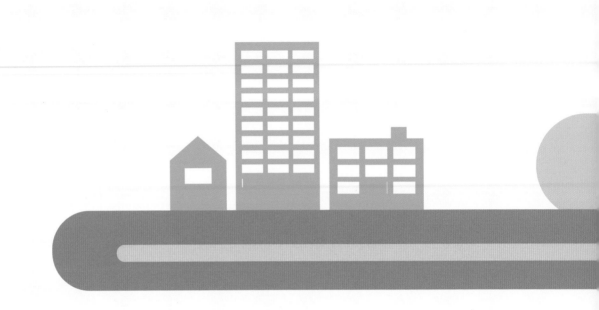

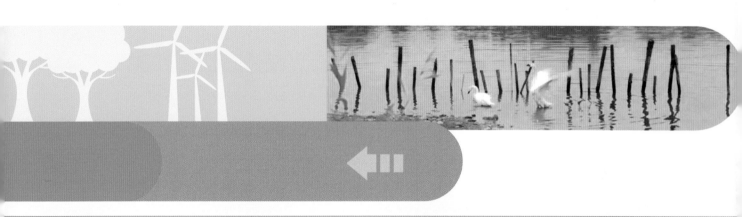

二、21个市（州）生态环境质量状况

21GE SHI(ZHOU) SHENGTAI
HUANJING ZHILIANG ZHUANGKUANG

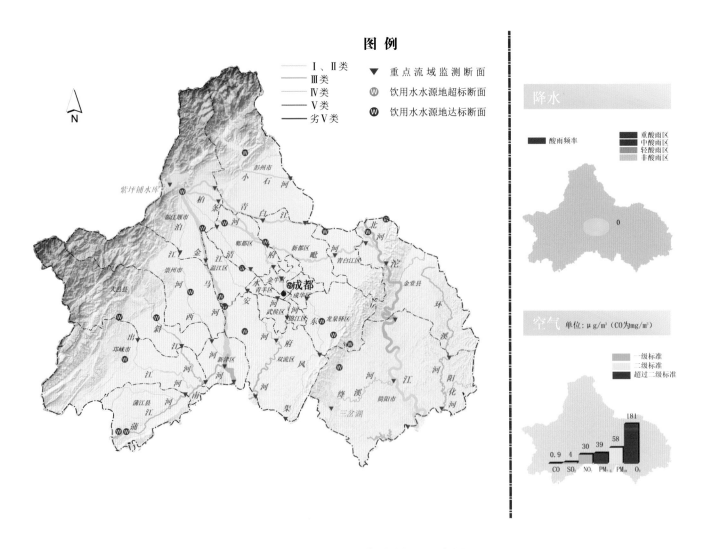

成都市生态环境质量状况

环境空气　优良天数率为77.3%，细颗粒物、臭氧超标。

降水　非酸雨城市，降水pH年均值为6.28。

水环境　地表水水质总体为优。38个国、省控断面中，水质优（Ⅰ～Ⅱ类）断面26个，占68.4%；水质良（Ⅲ类）断面12个，占31.6%。

紫坪铺水库、三岔湖水质为优。

县级及以上城市集中式饮用水水源地水质达标率均为100%。

声环境　区域声环境和道路交通声环境昼间质量状况分别为"一般"和"好"。功能区声环境质量昼间达标率为93.4%，夜间达标率为66.9%。

生态质量　生态质量指数为59.10，生态质量类型为"二类"。

2022年成都市生态环境质量状况示意图

自贡市生态环境质量状况

环境空气　优良天数率为80.8%，细颗粒物、臭氧超标。

降水　非酸雨城市，降水pH年均值为5.99。

水环境　地表水水质总体为优。10个国、省控断面中，水质优（Ⅰ～Ⅱ类）断面3个，占30.0%；水质良（Ⅲ类）断面7个，占70.0%。

双溪水库水质为优。

县级及以上城市集中式饮用水水源地水质达标率均为100%。

声环境　区域声环境和道路交通声环境昼间质量状况分别为"较好"和"好"。功能区声环境质量昼间达标率为96.7%，夜间达标率为93.3%。

生态质量　生态质量指数为61.31，生态质量类型为"二类"。

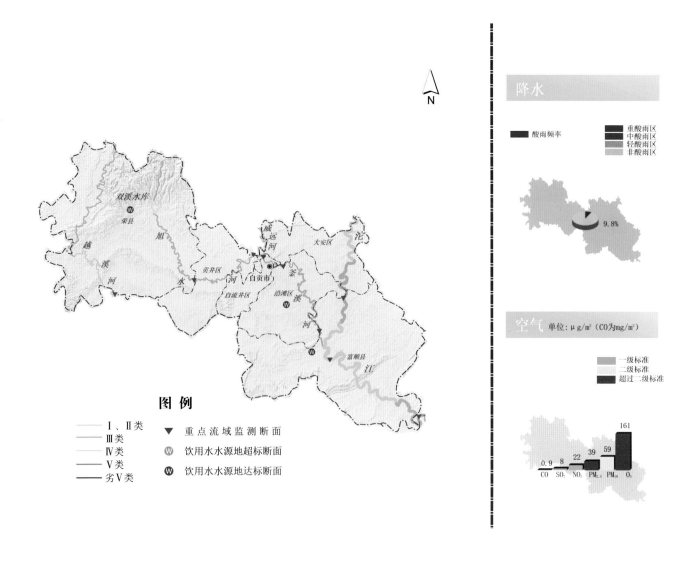

2022年自贡市生态环境质量状况示意图

攀枝花市生态环境质量状况

环境空气 优良天数率为99.2%。

降水 非酸雨城市，降水pH年均值为6.04。

水环境 地表水水质总体为优。8个国、省控断面水质均为优（Ⅰ～Ⅱ类），占100%。二滩水库水质为优。

县级及以上城市集中式饮用水水源地水质达标率均为100%。

声环境 区域声环境和道路交通声环境昼间质量状况均为"较好"。功能区声环境质量昼间达标率为100%，夜间达标率为80.0%。

生态质量 生态质量指数为71.76，生态质量类型为"一类"。

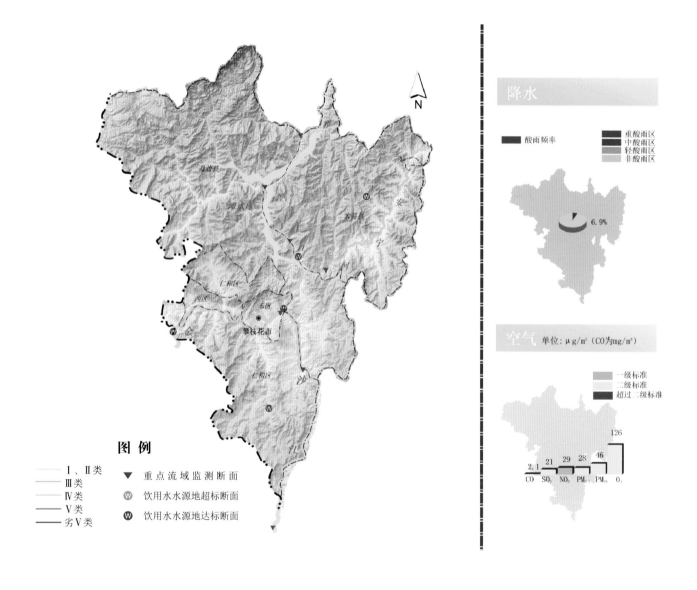

2022年攀枝花市生态环境质量状况示意图

泸州市生态环境质量状况

环境空气　优良天数率为80.8%，细颗粒物超标。

降水　非酸雨城市，降水pH年均值为5.79。

水环境　地表水水质总体为优。13个国、省控断面中，水质优（Ⅰ~Ⅱ类）断面8个，占61.5%；水质良（Ⅲ类）断面4个，占30.8%；水质轻度污染（Ⅳ类）断面1个，占7.7%，为大陆溪的四明水厂。

县级及以上城市集中式饮用水水源地水质达标率均为100%。

声环境　区域声环境和道路交通声环境昼间质量状况均为"较好"。功能区声环境质量昼间达标率为96.7%，夜间达标率为83.3%。

生态质量　生态质量指数为68.95，生态质量类型为"二类"。

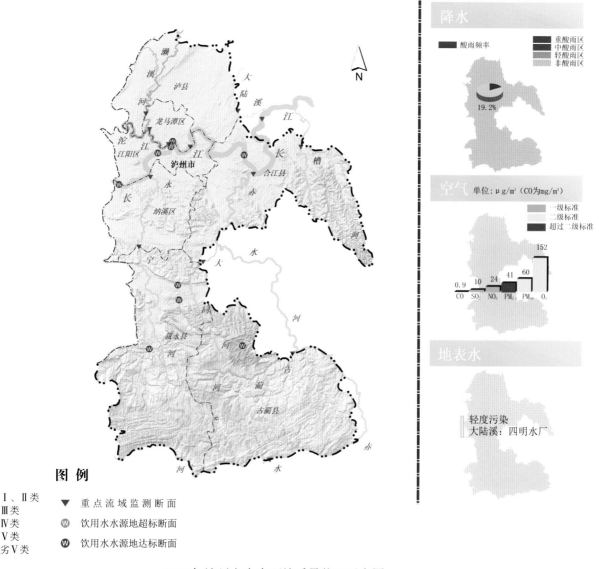

2022年泸州市生态环境质量状况示意图

德阳市生态环境质量状况

环境空气　优良天数率为83.8%，臭氧超标。

降水　非酸雨城市，降水pH年均值为6.26。

水环境　地表水水质总体为优。14个国、省控断面中，水质优（Ⅰ～Ⅱ类）断面8个，占57.1%；水质良（Ⅲ类）断面6个，占42.9%。

县级及以上城市集中式饮用水水源地水质达标率均为100%。

声环境　区域声环境和道路交通声环境昼间质量状况分别为"较好"和"好"。功能区声环境质量昼间达标率为100%，夜间达标率为92.5%。

生态质量　生态质量指数为60.76，生态质量类型为"二类"。

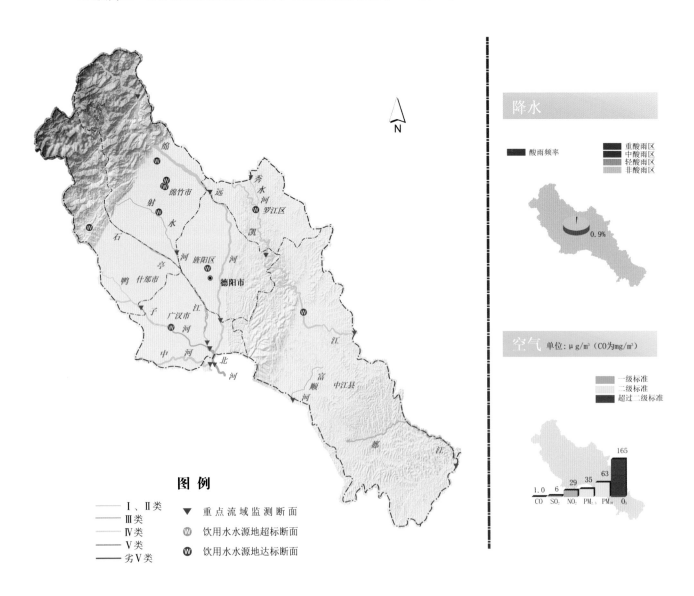

2022年德阳市生态环境质量状况示意图

绵阳市生态环境质量状况

环境空气　优良天数率为89.6%。

降水　非酸雨城市，降水pH年均值为6.29。

水环境　地表水水质总体为优。20个国、省控断面中，水质优（Ⅰ～Ⅱ类）断面18个，占90.0%；水质良（Ⅲ类）断面2个，占10.0%。

沉抗水库水质为优，鲁班水库水质为良好。

县级及以上城市集中式饮用水水源地水质达标率均为100%。

声环境　区域声环境和道路交通声环境昼间质量状况均为"较好"。功能区声环境质量昼间达标率为100%，夜间达标率为90.0%。

生态质量　生态质量指数为72.14，生态质量类型为"一类"。

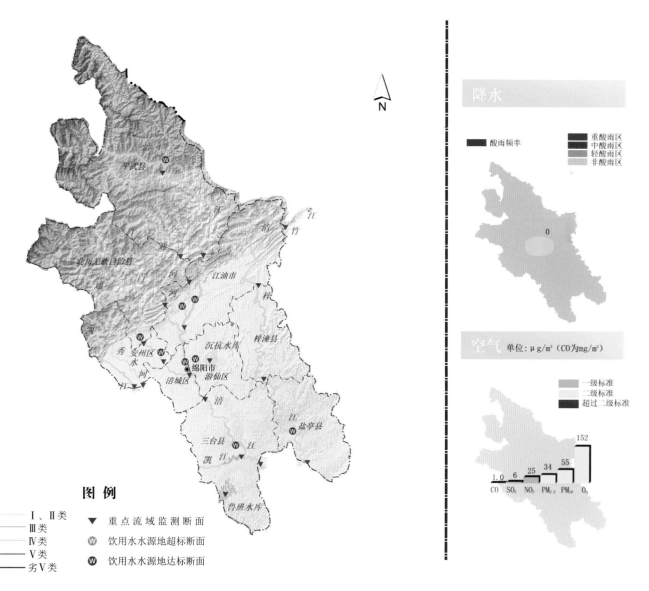

2022年绵阳市生态环境质量状况示意图

广元市生态环境质量状况

环境空气　优良天数率为98.1%。

降水　非酸雨城市，降水pH年均值为6.46。

水环境　地表水水质总体为优。20个国、省控断面中，水质优（Ⅰ～Ⅱ类）断面19个，占95.0%；水质良（Ⅲ类）断面1个，占5.0%。

白龙湖水质为优。

县级及以上城市集中式饮用水水源地水质达标率均为100%。

声环境　区域声环境和道路交通声环境昼间质量状况分别为"较好"和"好"。功能区声环境质量昼间达标率为100%，夜间达标率为85.7%。

生态质量　生态质量指数为76.13，生态质量类型为"一类"。

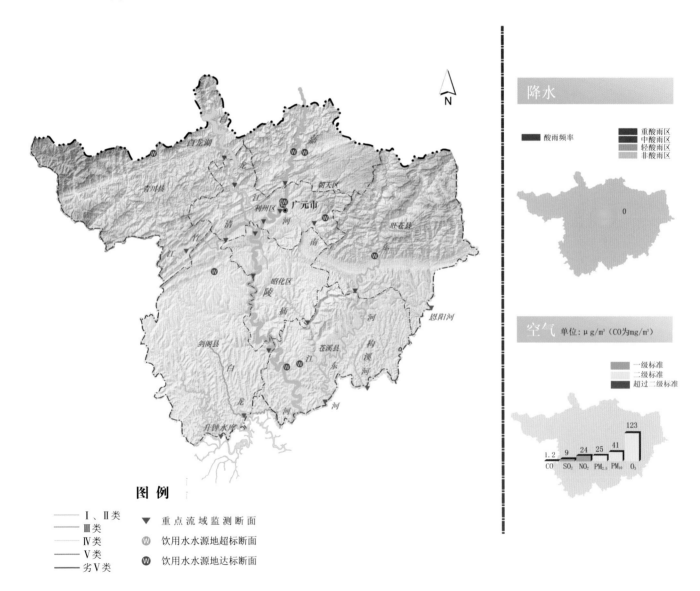

2022年广元市生态环境质量状况示意图

遂宁市生态环境质量状况

环境空气　优良天数率为91.0%。

降水　非酸雨城市，降水pH年均值为6.93。

水环境　地表水水质总体为良好。8个国、省控断面中，水质优（Ⅱ类）断面3个，占37.5%；水质良（Ⅲ类）断面4个，占50.0%；水质轻度污染（Ⅳ类）断面1个，占12.5%，为坛罐窑河的白鹤桥。

县级及以上城市集中式饮用水水源地水质达标率均为100%。

声环境　区域声环境和道路交通声环境昼间质量状况分别为"一般"和"好"。功能区声环境质量昼间达标率为100%，夜间达标率为90.9%。

生态质量　生态质量指数为59.70，生态质量类型为"二类"。

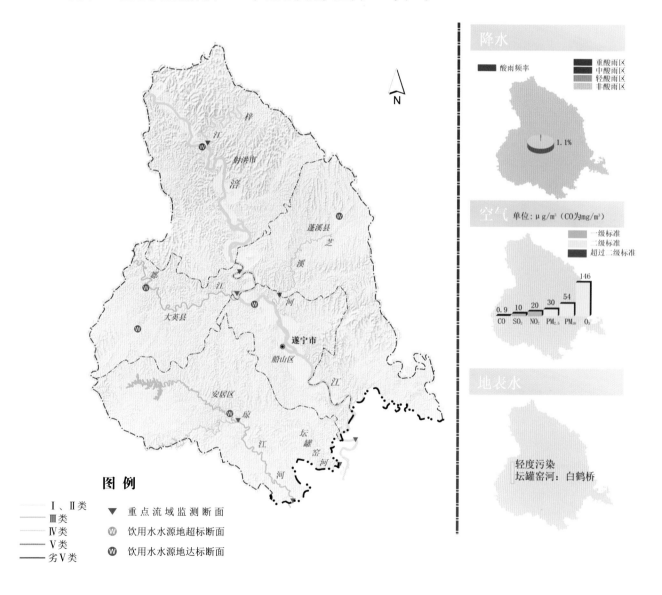

2022年遂宁市生态环境质量状况示意图

内江市生态环境质量状况

环境空气　优良天数率为84.1%。

降水　非酸雨城市，降水pH年均值为6.30。

水环境　地表水水质总体为良好。12个国、省控断面中，水质优（Ⅰ~Ⅱ类）断面4个，占33.3%；水质良（Ⅲ类）断面8个，占66.7%。

葫芦口水库水质为优。

县级及以上城市集中式饮用水水源地水质达标率均为100%。

声环境　区域声环境和道路交通声环境昼间质量状况分别为"一般"和"好"。功能区声环境质量昼间达标率为92.5%，夜间达标率为75.0%。

生态质量　生态质量指数为60.43，生态质量类型为"二类"。

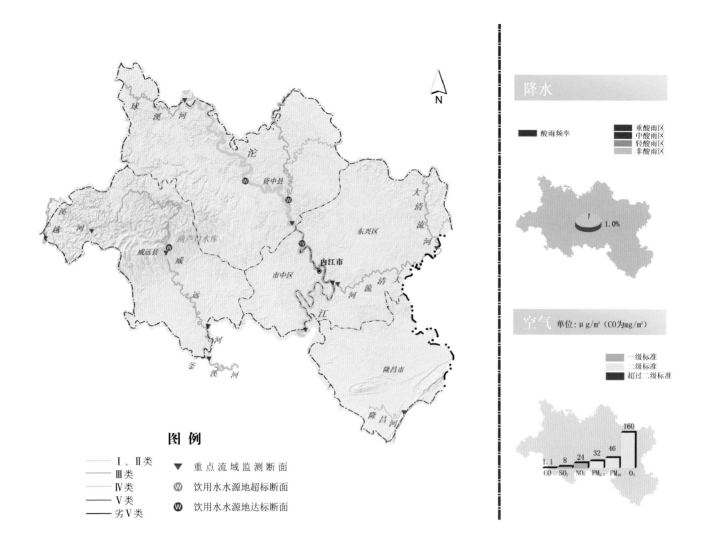

2022年内江市生态环境质量状况示意图

乐山市生态环境质量状况

环境空气　优良天数率为82.7%，细颗粒物超标。

降水　非酸雨城市，降水pH年均值为7.14。

水环境　地表水水质总体为优。14个国、省控断面中，水质优（Ⅱ类）断面12个，占85.7%；水质良（Ⅲ类）断面2个，占14.3%。

县级及以上城市集中式饮用水水源地水质达标率均为100%。

声环境　区域声环境和道路交通声环境昼间质量状况分别为"一般"和"好"。功能区声环境质量昼间达标率为96.4%，夜间达标率为60.7%。

生态质量　生态质量指数为74.66，生态质量类型为"一类"。

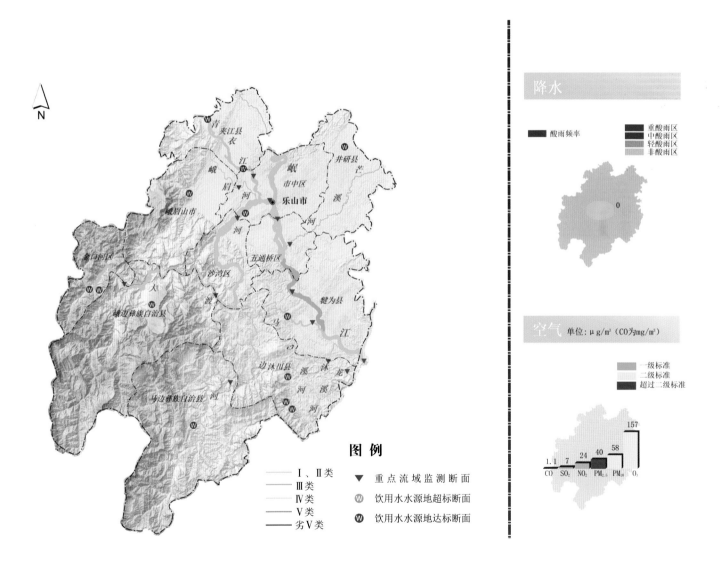

2022年乐山市生态环境质量状况示意图

南充市生态环境质量状况

环境空气 优良天数率为94.5%。

降水 非酸雨城市，降水pH年均值为7.05。

水环境 地表水水质总体为优。12个国、省控断面中，水质优（Ⅱ类）断面8个，占66.7%；水质良（Ⅲ类）断面4个，占33.3%。

升钟水库水质为优。

县级及以上城市集中式饮用水水源地水质达标率均为100%。

声环境 区域声环境和道路交通声环境昼间质量状况分别为"一般"和"较好"。功能区声环境质量昼间达标率为96.7%，夜间达标率为90.0%。

生态质量 生态质量指数为65.73，生态质量类型为"二类"。

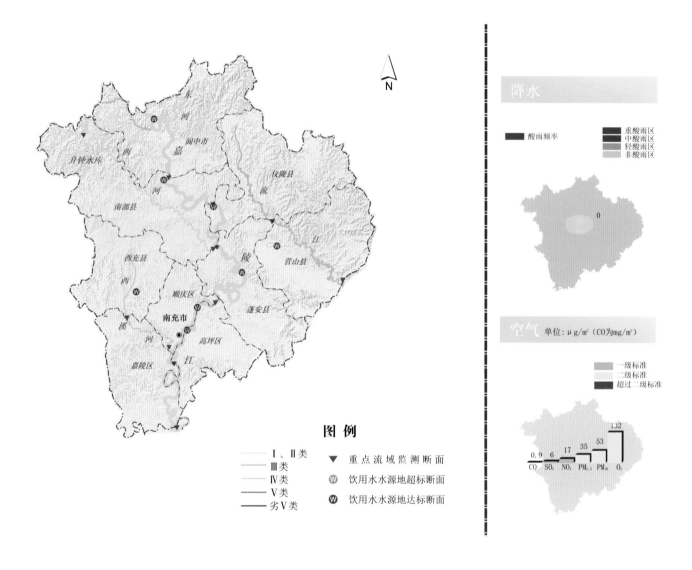

2022年南充市生态环境质量状况示意图

宜宾市生态环境质量状况

环境空气　优良天数率为78.1%，细颗粒物、臭氧超标。

降水　非酸雨城市，降水pH年均值为6.32。

水环境　地表水水质总体为优。22个国、省控断面中，水质优（Ⅰ~Ⅱ类）断面18个，占81.8%；水质良（Ⅲ类）断面4个，占18.2%。

县级及以上城市集中式饮用水水源地水质达标率均为100%。

声环境　区域声环境和道路交通声环境昼间质量状况分别为"较好"和"好"。功能区声环境质量昼间达标率为92.2%，夜间达标率为87.5%。

生态质量　生态质量指数为68.58，生态质量类型为"二类"。

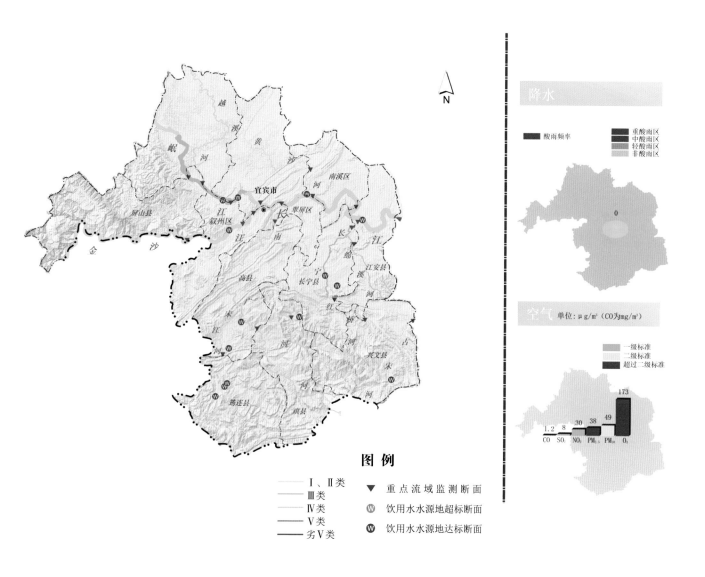

2022年宜宾市生态环境质量状况示意图

广安市生态环境质量状况

环境空气 优良天数率为91.0%，细颗粒物、臭氧超标。

降水 非酸雨城市，降水pH年均值为6.08。

水环境 地表水水质总体为优。10个国、省控断面中，水质优（Ⅱ类）断面6个，占60.0%；水质良（Ⅲ类）断面4个，占40.0%。

县级及以上城市集中式饮用水水源地水质达标率均为100%。

声环境 区域声环境和道路交通声环境昼间质量状况分别为"一般"和"好"。功能区声环境质量昼间达标率为100%，夜间达标率为87.5%。

生态质量 生态质量指数为62.92，生态质量类型为"二类"。

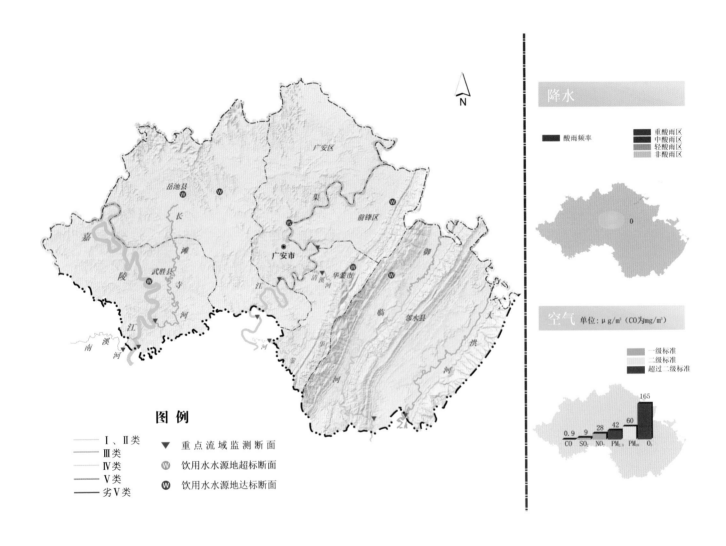

2022年广安市生态环境质量状况示意图

达州市生态环境质量状况

环境空气　优良天数率为94.0%。

降水　非酸雨城市，降水pH年均值为6.23。

水环境　地表水水质总体为良好。23个国、省控断面中，水质优（Ⅱ类）断面11个，占47.8%；水质良（Ⅲ类）断面12个，占52.2%。

县级及以上城市集中式饮用水水源地水质达标率均为100%。

声环境　区域声环境和道路交通声环境昼间质量状况均为"较好"。功能区声环境质量昼间达标率为98.3%，夜间达标率为88.3%。

生态质量　生态质量指数为70.20，生态质量类型为"一类"。

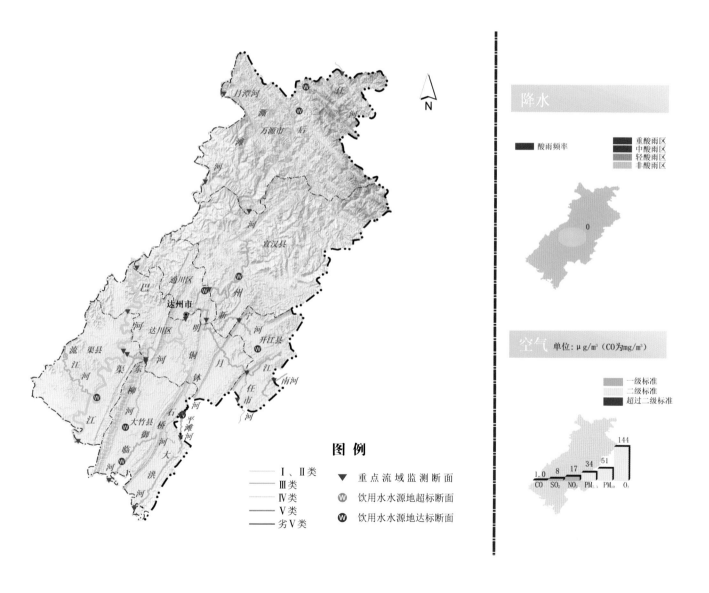

2022年达州市生态环境质量状况示意图

雅安市生态环境质量状况

环境空气　优良天数率为92.9%。

降水　非酸雨城市，降水pH年均值为6.67。

水环境　地表水水质总体为优。10个国、省控断面中，水质优（Ⅰ~Ⅱ类）断面9个，占90.0%；水质良（Ⅲ类）断面1个，占10.0%。

瀑布沟水库水质为优。

县级及以上城市集中式饮用水水源地水质达标率均为100%。

声环境　区域声环境和道路交通声环境昼间质量状况分别为"较好"和"好"。功能区声环境质量昼间达标率为100%，夜间达标率为96.4%。

生态质量　生态质量指数为77.48，生态质量类型为"一类"。

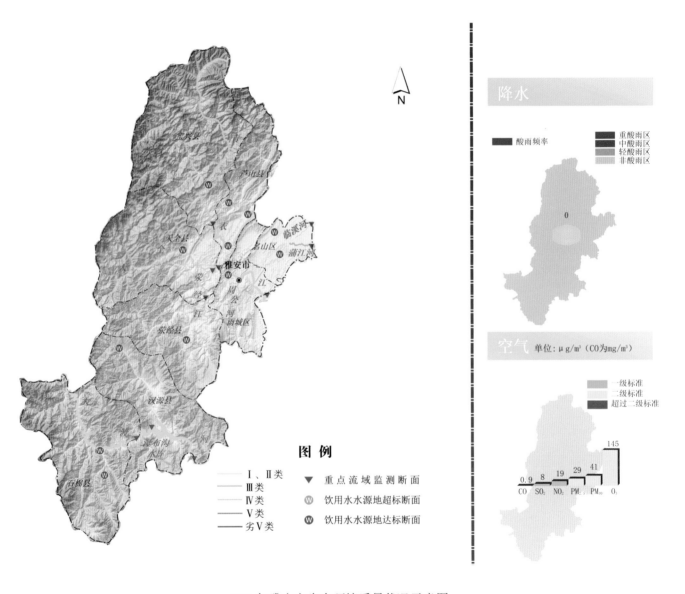

2022年雅安市生态环境质量状况示意图

巴中市生态环境质量状况

环境空气　优良天数率为96.4%。

降水　中酸雨城市，降水pH年均值为4.98。

水环境　地表水水质总体为优。10个国、省控断面中，水质优（Ⅱ类）断面9个，占90.0%；水质良（Ⅲ类）断面1个，占10.0%。

县级及以上城市集中式饮用水水源地水质达标率均为100%。

声环境　区域声环境和道路交通声环境昼间质量状况分别为"一般"和"好"。功能区声环境质量昼间达标率为96.4%，夜间达标率为100%。

生态质量　生态质量指数为72.89，生态质量类型为"一类"。

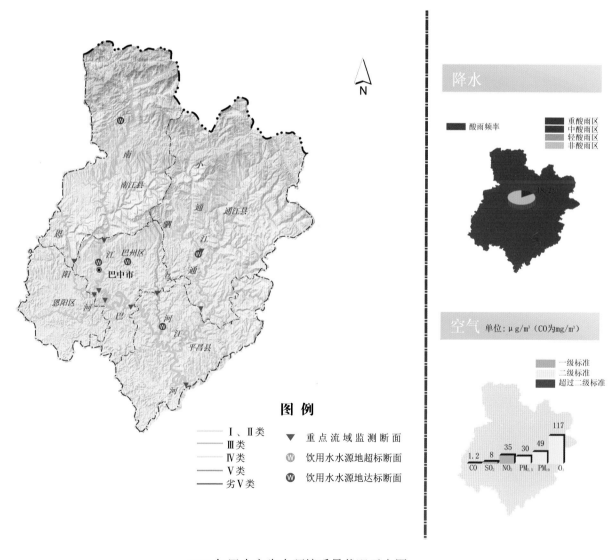

2022年巴中市生态环境质量状况示意图

41

眉山市生态环境质量状况

环境空气 优良天数率为77.5%。

降水 非酸雨城市，降水pH年均值为6.40。

水环境 地表水水质总体为优。15个国、省控断面中，水质优（Ⅱ类）断面8个，占53.3%；水质良（Ⅲ类）断面7个，占46.7%。

黑龙滩水库水质为优。

县级及以上城市集中式饮用水水源地水质达标率均为100%。

声环境 区域声环境和道路交通声环境昼间质量状况均为"较好"。功能区声环境质量昼间达标率为93.8%，夜间达标率为71.9%。

生态质量 生态质量指数为65.70，生态质量类型为"二类"。

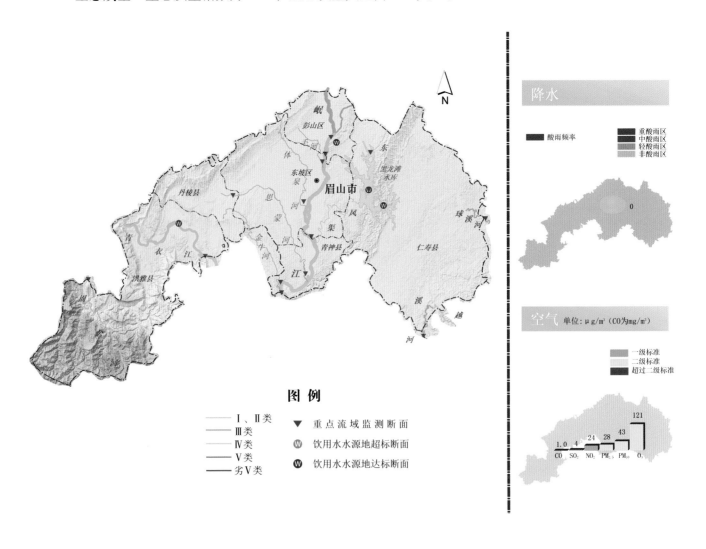

2022年眉山市生态环境质量状况示意图

资阳市生态环境质量状况

环境空气　优良天数率为86.0%。

降水　非酸雨城市，降水pH年均值为6.20。

水环境　地表水水质总体为优。17个国、省控断面中，水质优（Ⅱ类）断面2个，占11.8%；水质良（Ⅲ类）断面15个，占88.2%。

老鹰水库水质为良好。

县级及以上城市集中式饮用水水源地水质达标率均为100%。

声环境　区域声环境和道路交通声环境昼间质量状况分别为"一般"和"较好"。功能区声环境质量昼间达标率为95.0%，夜间达标率为90.0%。

生态质量　生态质量指数为60.15，生态质量类型为"一类"。

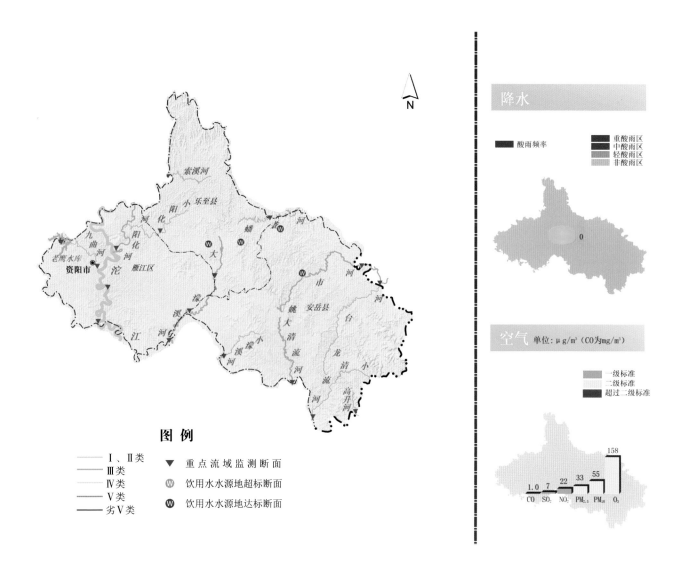

2022年资阳市生态环境质量状况示意图

阿坝州生态环境质量状况

环境空气　优良天数率为100%。

降水　非酸雨城市，降水pH年均值为7.84。

水环境　地表水水质总体为优。28个国、省控断面水质均为优（Ⅰ～Ⅱ类），占100%。县级及以上城市集中式饮用水水源地水质达标率均为100%。

声环境　区域声环境和道路交通声环境昼间质量状况均为"好"。功能区声环境质量昼间达标率为100%，夜间达标率为95.8%。

生态质量　生态质量指数为73.92，生态质量类型为"一类"。

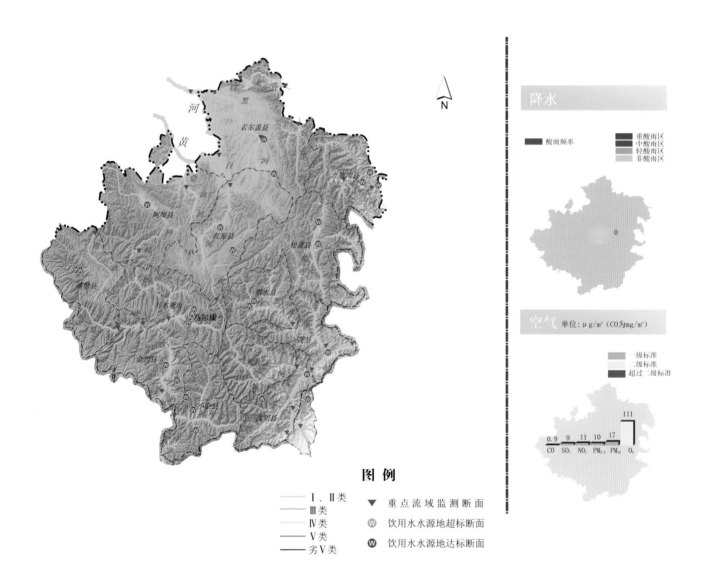

2022年阿坝州生态环境质量状况示意图

甘孜州生态环境质量状况

环境空气　优良天数率为100%。

降水　非酸雨城市，降水pH年均值为6.68。

水环境　地表水水质总体为优。20个国、省控断面水质均为优（Ⅰ～Ⅱ类），占100%。县级及以上城市集中式饮用水水源地水质达标率均为100%。

声环境　区域声环境和道路交通声环境昼间质量状况分别为"较好"和"好"。功能区声环境质量昼间达标率为100%，夜间达标率为100%。

生态质量　生态质量指数为70.94，生态质量类型为"一类"。

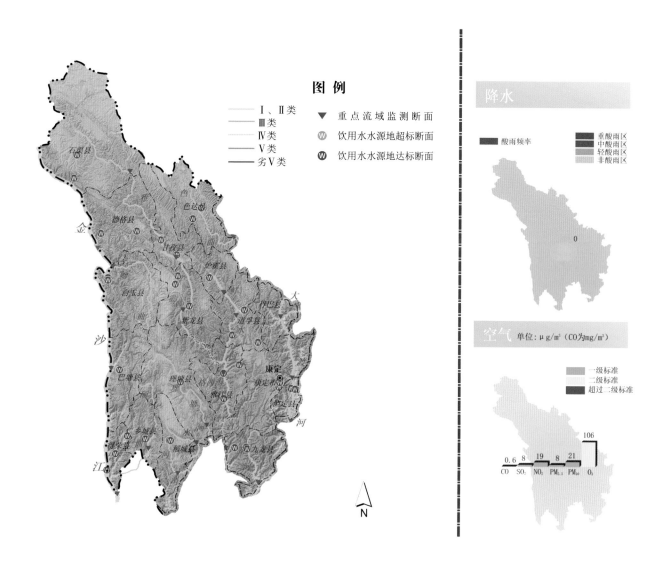

2022年甘孜州生态环境质量状况示意图

凉山州生态环境质量状况

环境空气　优良天数率为97.8%。

降水　非酸雨城市，降水pH年均值为6.47。

水环境　地表水水质总体为优。24个国、省控断面中，水质优（Ⅰ～Ⅱ类）断面23个，占95.8%；水质良（Ⅲ类）断面1个，占4.2%。

邛海、泸沽湖水质为优。

县级及以上城市集中式饮用水水源地水质达标率均为100%。

声环境　区域声环境和道路交通声环境昼间质量状况分别为"较好"和"好"。功能区声环境质量昼间达标率为100%，夜间达标率为89.3%。

生态质量　生态质量指数为75.09，生态质量类型为"一类"。

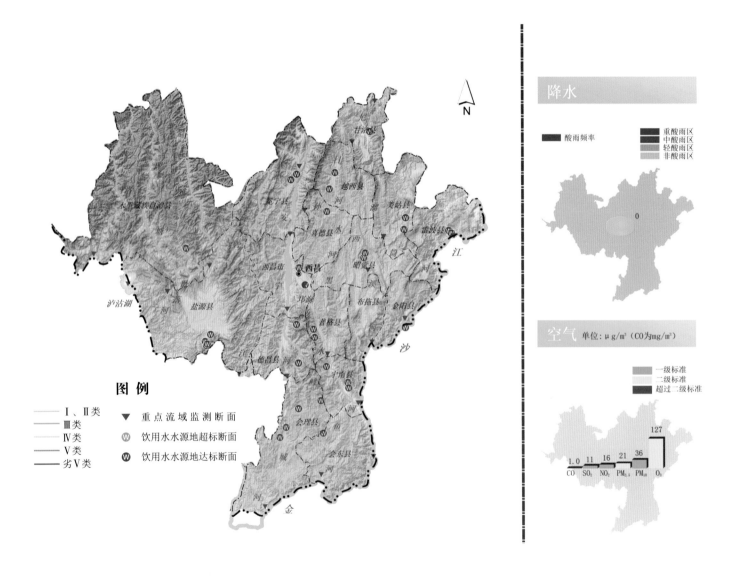

2022年凉山州生态环境质量状况示意图